OBSERVATIONS

RECUEILLIES EN 1846, POUR SERVIR A L'HISTOIRE

DES EAUX MINÉRALES THERMALES ACIDULES

DE FONCAUDE.

OBSERVATIONS

RECUEILLIES EN 1846, POUR SERVIR A L'HISTOIRE

DES EAUX MINÉRALES THERMALES ACIDULES

DE

FONCAUDE,

PAR

E. BERTIN,

Médecin-Inspecteur de ces Eaux ; Professeur-Agrégé de la Faculté de Médecine de Montpellier ;
Membre de l'Académie des Sciences et Lettres, de la Société de Médecine-pratique,
et Médecin des Prisons cellulaires de la même ville.

Montpellier.

BOEHM, IMPRIMEUR DE L'ACADÉMIE, PLACE CROIX-DE-FER.

1847.

1848

OBSERVATIONS

RECUEILLIES EN 1846, POUR SERVIR A L'HISTOIRE

DES EAUX MINÉRALES THERMALES ACIDULES

DE FONCAUDE.

———— ◆ ————

J'ai déjà fait connaître, dans une courte Notice
sur les Eaux minérales thermales acidules de Fon--
caude, les effets de ces eaux, étudiés sous le double point de vue physiologique et thérapeutique.
Dans ce premier travail, qui reposait sur un assez
grand nombre de faits observés dans le cours de
plusieurs années, j'avais d'abord cherché à déterminer les effets directs de ces eaux, ceux qui suivent
immédiatement l'action du bain pris à une tempé--
rature de 35 à 36° centigrades, et que l'on peut regarder comme ses effets physiologiques. Une légère

action sédative dont la peau offre les premières traces, et qui, de là, se propage aux principales fonctions ; une sorte de dépression de la circonférence
au centre, bientôt suivie d'une réaction facile, régulière, qui réveille à la fois toutes les fonctions,
d'une expansion générale qui fixe vers la surface
cutanée son siége principal, me parurent consti-
tuer les plus remarquables d'entre tous ces effets
directs. De ces mouvements de sédation et de réaction successive découlaient, selon moi, les dif-
férentes actions thérapeutiques qui s'étaient montrées favorables dans des cas pathologiques assez
variés, et qui s'étaient étendues jusqu'aux affections des systèmes les plus importants de l'économie, bien que la peau eût été leur siége principal. Les relations sympathiques de cet organe
avec tous les systèmes, l'influence de ses fonctions
sur toutes celles du corps humain, rendaient aisément
compte de cette extension des effets curatifs des
eaux de Foncaude. Cette manière de les expliquer
et d'arriver à la détermination des cas où elles peuvent être utilement employées, a reçu de l'expérience une sanction des plus favorables. Dans le
cours de l'été de 1846, une affluence de malades,

si considérable qu'elle rendit nécessaire l'établissement provisoire d'un nombre de baignoires plus que double de celui des anciennes , fit passer sous mes yeux des exemples plus variés que jamais. En les observant avec attention , j'ai toujours constaté que l'action des principaux phénomènes physiologiques que j'avais d'abord attribués à ces eaux, se dirigeait réellement d'une manière plus spéciale sur la peau , et j'ai vu se confirmer aussi l'action dont d'autres systèmes sont quelquefois le siége, comme je l'avais seulement indiqué. En m'appuyant sur ces faits nouveaux , je pourrai donc étudier sur des données plus importantes chacune de ces actions en particulier.

Il serait, sans doute, aujourd'hui superflu de retracer ici le tableau détaillé des phénomènes dont l'organe cutané devient le siége , et qui m'ont une première fois servi à démontrer l'activité nouvelle que son action physiologique retrouve bientôt sous l'influence des eaux de Foncaude. Mais il ne sera pas sans intérêt de voir le rétablissement de cette même activité , confirmé par certains phénomènes survenus pendant le traitement de diverses maladies , et qui , s'ils n'offrent pas tou-

jours le vrai caractère des actes qui n'appartien-
nent qu'à la santé, se rapportent du moins à une
manière d'être dont l'habitude avait, en quelque
sorte, fait pour chaque sujet individuellement un
véritable état naturel. Tantôt l'existence constante
de ces phénomènes formait une condition indispen-
sable de la meilleure santé possible. Tantôt de leur
apparition passagère, mais plus ou moins fréquente
et sous des formes plus ou moins prononcées, dépendait la manifestation de quelque affection qu'ils
rendaient ainsi moins incommode ou plus grave.
Dans tous ces cas les phénomènes sur lesquels j'ap-
pellerai l'attention, se liaient d'une manière si directe à l'état des forces vitales de la peau, à l'accomplissement régulier de ses fonctions, qu'on
n'aura pas de peine à considérer leur retour comme
une preuve de la plus grande énergie ou de la nouvelle régularité de celles-ci. Il a fallu, sans doute,
saisir ces phénomènes au milieu des actes qui ap-
partenaient à la maladie ; mais, comme ils n'en ont
pas été moins évidents pour cela, cette particularité
ajoute, ce me semble, à tout ce qui peut démontrer la puissance de la cause qui les a réveillés.

Quelques-uns des malades que j'ai eus sous les

yeux, avaient vu disparaître, sous l'influence de causes diverses, des transpirations abondantes, dont toute la surface de la peau et quelquefois seulement un point particulier, comme les aisselles ou les pieds, étaient habituellement le siége. La plupart d'entre eux, loin d'être affaiblis par cette sécrétion qui dépassait de beaucoup les limites dans lesquelles elle se renferme d'ordinaire, qui ne conservait plus avec les autres les rapports proportionnels observés communément, lui attribuaient leur bonne santé antérieure. Ils ne manquaient pas, au contraire, de rapporter les maux qu'ils venaient tâcher de guérir à Foncaude, à la suppression de ces sueurs exagérées que des causes diverses auraient fait disparaître. Les affections qui en étaient résultées, n'avaient pas toutes la même gravité : les unes avaient établi leur siége sur des systèmes entiers d'organes, dont les fonctions se trouvaient ainsi dérangées au détriment de l'économie entière ; d'autres n'attaquaient que quelques parties isolées, et, quoique retentissant moins profondément dans l'ensemble du corps vivant, elles n'en offraient pas moins de ténacité, n'en étaient pas moins importunes. Par suite de la faiblesse générale qu'un long état de maladie avait causée , par suite de l'importance qu'acquiert un mouvement fluxionnaire lorsqu'il est fixé depuis long-temps sur une partie même peu nécessaire à la vie, et de la dépendance dans laquelle il parvient à placer les actes de la vie générale , le retour spontané de l'action physiologique de la peau , le rétablissement naturel des sueurs partielles supprimées, n'avaient pas eu lieu même dans les intervalles où la maladie générale ou locale semblait perdre de son intensité. Chez quelques malades rien n'avait été tenté pour rétablir cette importante sécrétion locale. Chez d'autres , au contraire , divers moyens mis en usage n'avaient eu aucun résultat. Il n'en fut pas de même de cette sorte de perturbation qu'apportaient, au milieu de l'état maladif, les mouvements de réaction dont la peau devenait le siége sous l'influence des eaux de Foncaude. Un des premiers effets qu'elles produisirent, fut le réveil manifeste des fonctions cutanées ; et, comme cela arrive dans tous les cas , celles-ci en reprenant leur cours , se montrèrent , non telles qu'on les observe généralement , mais telles qu'elles étaient d'ordinaire chez chaque sujet en particulier ; c'est-à-dire, qu'elles offrirent ces modifications individuelles qu'elles devaient tantôt à des habitudes anciennes, quelquefois à un régime particulier, le plus souvent peut-être à des dispositions idiosyncrasiques. Quoi qu'il en soit, ce retour de l'état naturel, sous l'influence de perturbations répétées, aidé sans doute dans quelques cas de l'action spéciale des eaux sur la maladie elle-même, fut suivi d'heureux résultats ; il succéda à l'état morbide qui l'avait remplacé lui-même plus ou moins de temps.

Un malade, atteint de quelques douleurs vagues de rhumatisme chronique qu'il ressentait depuis long-temps, avait eu la grippe d'une manière assez violente, à l'une des principales invasions que cette maladie avait faites à Montpellier depuis 1832. Un état particulier en avait été la conséquence. M...., qui avait toujours joui d'une bonne santé, ne pouvait plus ressentir la moindre variation atmosphérique, tant en froid qu'en chaud, sans être pris d'une toux sèche, par quintes ordinairement assez prolongées pour devenir fort incommodes. Il lui suffisait d'entrer dans un appartement un peu chauffé ou un peu trop froid, pour que la toux l'obligeât à se retirer promptement d'auprès des personnes qu'il venait visiter. Toutes les nuits, le sommeil était interrompu par la toux, qui, le matin surtout, était très-fatigante. Ainsi, M....... avait tout au plus quatre heures de sommeil par nuit, et chaque matin il avait inévitablement à supporter les quintes longues et pénibles d'une toux qui n'amenait jamais qu'une expectoration peu abondante de salive. Autrefois il mouchait très-peu, mais crachait beaucoup ; depuis que la toux s'était montrée, une sorte d'embarras se faisait sentir vers les fosses nasales, d'où découlaient plus fréquemment quelques mucosités épaissies. Il faut enfin remarquer, pour compléter tous ces détails, que M...... suait très-abondamment avant d'avoir eu la grippe, et que, après cette maladie, ces sueurs habituelles, sans se supprimer tout-à-fait, avaient beaucoup perdu de leur abondance. D'après les conseils de M. le docteur Batigne, M..... eut recours aux eaux de Foncaude en bains, et en boisson, à la dose de cinq verres. Après le quinzième bain, la toux avait disparu, les narines étaient plus libres, sèches ; mais une expectoration notable de mucosités commençait à reparaître. Les nuits étaient bonnes ; le sommeil se prolongeait sans interruption, depuis onze heures jusqu'à six heures du matin ; la toux ne se

montrait plus au moment du réveil ; les variations
atmosphériques, si vivement senties auparavant,
étaient maintenant inaperçues, et ne réveillaient
plus la toux ; les douleurs rhumatismales étaient di-
minuées ; en un mot, M..... se disait complétement
guéri. Une particularité remarquable s'attache à
cette observation. On sait combien les chaleurs ont
été fortes et prolongées pendant l'été de 1846 ; cependant, sous leur influence, les sueurs s'activèrent
peu chez M...... Elles prirent, au contraire, une
activité remarquable et devinrent très-abondantes
sous l'action des bains de Foncaude, bien que,
pendant leur usage, la température atmosphérique
eût déjà subi un abaissement notable. Il n'est donc
guère permis de douter de l'influence active que les
réactions journalières, provoquées par les eaux,
avaient eue sur le retour des fonctions cutanées à
leur état naturel. Ici, non–seulement des sueurs
abondantes ont été rétablies ; mais cette sensibilité
vicieuse qui rendait la surface cutanée si impres–
sionnable au froid et à la chaleur, et faisait retentir
cette impression sur les systèmes muqueux et musculaires, a été dissipée. L'on pouvait difficilement
obtenir des résultats plus prompts et plus complets ;

aussi le nombre des bains fut-il porté à 25 ou 30, et le bien qui en est résulté, s'est-il solidement maintenu pendant l'hiver si froid et si humide que nous venons de traverser.

Un autre genre de lésion avait été chez un autre sujet la conséquence de la suppression complète d'une sueur des pieds si abondante, qu'elle exigeait plusieurs fois dans la journée le soin de changer de chaussures. Les organes digestifs furent, dans ce cas, principalement affectés. Ce malade, d'une constitution assez délicate et d'un tempérament bilieux, était assujetti à une vie sédentaire, à cause de ses occupations constantes dans des bureaux. Chez lui, tous les symptômes d'une gastralgie très-grave s'établirent graduellement ; ils prirent une si grande intensité, ils exercèrent sur l'ensemble des forces générales et sur les fonctions des organes digestifs en particulier une influence si fâcheuse, qu'à diverses reprises on craignit que l'opiniâtreté du mal ne tînt à quelque dégénérescence organique. A cet état se liaient encore des douleurs rhumatismales, qui, se joignant à la faiblesse qu'avait produite une nutrition viciée, rendaient la marche lente et pénible. C'était un de ces cas, déjà assez nom-

breux, où j'ai eu l'occasion d'observer combien
les affections du système musculaire sont fréquemment liées à celles dont les diverses dépendances
du système muqueux sont atteintes, quand les fonctions cutanées s'accomplissent mal. Alors des rhumes
fréquents, opiniâtres, se compliquent souvent avec
des douleurs rhumatismales, alternant avec elles,
ou marchant de concert. La même liaison s'observe
avec des altérations chroniques des fonctions qui
se rapportent à l'ensemble du système digestif, ou
seulement à l'une de ses parties, telle que l'estomac,
les intestins. Je l'ai même constatée dans d'autres
cas, où, chez la femme, c'était la membrane muqueuse génito-urinaire qui se trouvait affectée.
Ordinairement ces cas de complication offrent de
la ténacité ; ils résistent aux divers traitements qu'on
leur oppose, jusqu'à ce qu'on reconnaisse la nécessité de diriger vers l'organe cutané, l'action des
divers moyens qu'on emploie, et de rétablir ses
fonctions dérangées. Aussi me paraissent-ils de nature à mettre promptement sur la voie, quant à
la détermination de leur véritable étiologie, et par
suite des indications principales dont leur traitement doit se composer. Celles-ci doivent avoir pour

but le rétablissement des fonctions cutanées ; et ce
qui se passa chez le malade dont l'histoire a donné
lieu à ces réflexions, en fut une preuve évidente.
Sous l'action de huit à dix bains seulement, l'action
des fonctions digestives s'était grandement amé-
liorée, et la marche était devenue si facile par suite
de la diminution des douleurs et par l'augmentation
des forces générales, qu'un jour où la voiture était
partie sans lui, il n'hésista pas à se rendre à pied
à Foncaude, plutôt que de perdre un bain, duquel
il attendait encore tant de soulagement. Or, un
seul effet sensible s'était manifesté chez lui depuis
l'emploi de ces eaux, c'était le rétablissement de
cette sueur abondante des pieds, qui depuis long-
temps avait cessé de se montrer. Ce qui venait de
se passer ne suffit pas pour éclairer le malade ; tout
en reconnaissant les bons effets des eaux de Foncaude, que lui avaient conseillées M. le professeur
Dubrueil et M. le professeur-agrégé Pourché, il ne
les crut pas assez actives pour consolider une
guérison qu'elles avaient si bien commencée ; et,
comme si les remèdes les plus énergiques devaient
aussi être les meilleurs, il alla chercher à Bagnols,
ce qu'il avait ici sous la main.

Je pourrais à ces deux observations en joindre plusieurs autres, qui prouveraient, comme elles, par le rétablissement de certains actes dépendant, chez divers sujets, de l'activité normale des fonctions cutanées, la réalité de l'action que les eaux de Foncaude exercent sur la peau. Mais nous en trouverons une autre preuve dans les guérisons obtenues chez des malades, où l'action des eaux n'a pas eu seulement pour premier résultat de rétablir les fonctions de la peau. Elle a décidé chez eux des mouvements de sur-excitation maladive, des mouvements qu'on peut regarder comme la conséquence de l'appel journalier des forces générales vers cet organe, et qui, par conséquent, peuvent servir de preuve aux effets de sédation et de réaction dont elle a été le siége. Ces résultats se sont montrés dans des circonstances variables. Tantôt des mouvements analogues à ceux qui les constituaient, s'étaient déjà manifestés chez les sujets qui en ont fourni l'observation, et l'on n'avait jamais eu l'idée de les rattacher, sous aucun rapport, à l'affection pour laquelle les eaux de Foncaude ont été mises en usage. Tantôt ils se sont établis pour la première fois ; et, devenant alors l'expression d'une modification nouvelle dans les forces vives de l'organe cutané, ils n'en ont pas moins constitué une véritable perturbation , à laquelle la maladie qu'on voulait guérir n'a pas résisté.

Parmi les faits de cette nature , je rappellerai l'exemple d'une personne chez laquelle une dartre pustuleuse, *acne simplex*, occupait depuis plusieurs années, avec une ténacité désespérante, une partie de la figure. Le mal n'était pas fort étendu ; mais il était très-incommode, surtout dans les moments où les petites pustules qui le constituaient, s'accompagnaient d'un mouvement de turgescence fluxionnaire. La santé générale n'était nullement influencée par cet état, et toutes les fonctions , sauf une constipation habituelle , s'exécutaient d'une manière normale. Long-temps nous avions eu recours à des moyens internes variés , et, depuis plusieurs années, à des bains d'eaux sulfureuses naturelles. Une amélioration sensible avait été le résultat de ces divers traitements ; cependant, la maladie se montrait encore, et restait tout aussi inquiétante, à cause du lieu qu'elle occupait. Après une vingtaine de bains de Foncaude, la peau de tout le corps fut couverte de plaques rouges, larges, irrégulières , proéminentes dans leur milieu, et accompagnées d'une démangeaison insupportable, en un mot, ayant tous les caractères de l'*essera*. Cette maladie s'était déjà montrée à plusieurs reprises chez la personne dont il est question, mais jamais elle n'avait offert l'intensité qu'elle atteignit cette fois. Par moments, l'éruption était si active, les plaques qui la constituaient si étendues, si nombreuses, qu'elles devenaient en quelque sorte confluentes par l'injection des portions de la peau qui les séparaient, et que le corps entier semblait occupé par une seule plaque. Alors, des démangeaisons intolérables ôtaient toute possibilité de repos, et, quelques jours passés dans cet état, m'offrirent cette variété de la fièvre ortiée, à un point d'intensité où je ne l'avais jamais vue parvenir. Heureusement elle fut de courte durée. Dès-lors, les bains furent supprimés ; mais, depuis cette époque, les petites pustules qui s'étaient montrées si tenaces, n'ont plus reparu, et le teint est devenu plus uni, plus posé, qu'il n'eût été depuis plusieurs années.

Une jeune enfant de trois ans, d'un tempérament lymphatique, était atteinte d'un *eczema* qui envahissait tout le cuir chevelu, une partie du front et des joues. Elle fut envoyée à Foncaude dans un mo-

ment où l'éruption s'offrait moins active, moins étendue, après une violente recrudescence. Cette enfant
avait maigri, son teint s'était décoloré, les fonctions
digestives étaient languissantes, bien que l'appétit
fût assez prononcé ; aussi les forces ne s'amélioraient
pas, et la convalescence marchait avec lenteur et
difficulté. Après le huitième ou le dixième bain, des
vésicules pustuleuses, en tout semblables à celles
qui se montraient ordinairement sur la tête, survin-
rent éparses sur toute la surface du corps. D'abord
peu nombreuses, elles se multiplièrent bientôt, et
s'offraient déjà en assez grand nombre, quand on
cessa l'usage des bains, donnés au nombre de vingt ou
vingt-cinq. Cette éruption se soutint encore long-
temps après ; elle fut modérée vers la tête, et aban-
donnée à elle-même, elle cessa peu à peu aux premières approches de l'hiver. Dès que son apparition
avait eu lieu, le changement favorable qui survint
chez la petite malade, se manifesta par une coloration plus évidente de la peau, des digestions
meilleures, plus de forces, plus de gaieté. L'hiver
entier, malgré sa rigueur inaccoutumée dans notre
climat, s'est écoulé sans que la teigne ait reparu,
sans que la santé générale se soit dérangée.

Les actes pathologiques dont la peau a été frappée,
ne se sont pas, du reste, constamment maintenus
dans la série de ceux qu'elle avait présentés. L'action
des eaux devenue un nouveau stimulus pour elle, il
fallait bien s'attendre à constater, parmi les conséquences de ce stimulus, des phénomènes, comme
lui, nouveaux pour le sujet qui les ressentait, mais
qui, placés dans la ligne des effets qu'on peut lui
attribuer, n'en étaient pas moins utiles à constater.
En effet, d'un côté, leur apparition était, dans certains cas, de nature à devenir un acte curateur ; de
l'autre, ils fournissaient eux-mêmes une preuve de
plus de l'action réelle des eaux. Et, s'il était permis
de trouver cette preuve dans la reproduction de
phénomènes physiologiques supprimés depuis long-
temps, dans le retour de certaines maladies habituelles qui avaient cessé de se montrer, on devait
la trouver bien plus évidente dans l'apparition d'effets nouveaux pour le sujet qui les ressentait, et
chez qui nulle prédisposition antérieure ne facilitait
l'action de la cause à laquelle il fallait les rapporter.
C'est ce qui s'est passé, lorsqu'une éruption de
petits furoncles, chez un malade qui n'en avait
jamais eu, a permis de croire que la sur-excitation

de la peau avait remplacé une irritabilité nerveuse à laquelle il fallait rapporter un sommeil habituellement interrompu, et, pendant le jour, une mobilité si grande, si continuelle, qu'elle devenait l'objet des remarques générales, et s'accompagnait par intervalles d'un sentiment de fourmillement douloureux et d'une chaleur excessive dans les jambes. Une amélioration notable se fit sentir, dès que les furoncles se montrèrent. Le malade était moins agité; il dormait mieux, digérait plus facilement; mais, comme il craignit plus, sans doute, ses furoncles que ses insomnies, que ses digestions difficiles, que ses *impatiences nerveuses*, il cessa de prendre des bains, et je n'ai pas connaissance de ce qui s'est passé depuis lors.

Dans les faits divers que je viens de rapporter, il est, ce me semble, facile de reconnaître que la peau a été le siége de mouvements dont le caractère, tout variable qu'il peut être, n'en indique pas moins que cet organe a été soumis, dans tous ces cas, à une action capable de concentrer sur lui les forces de la vie. Le rétablissement stable de ses fonctions organiques, le développement d'actes morbides intenses et parfois longuement prolongés, démon-

trent bien l'activité du stimulus dont il a ressenti
l'influence ; et, comme il n'est aucun de ces actes
divers qui ne puisse être considéré comme une
conséquence des réactions journalières provoquées,
vers la peau, par les eaux de Foncaude, il est tout
naturel de prouver par ces actes eux-mêmes , l'action qu'elles exercent sur cet organe. Du reste, s'il
fallait encore pour mieux la démontrer , l'observer
avec toutes ces variations d'intensité que les conséquences d'une cause quelconque peuvent offrir
suivant les dispositions des sujets, les faits observés
en 1846 nous fourniraient cette dernière preuve.

Pour cela, à côté des exemples que j'ai déjà men-
tionnés, et dans lesquels la sur-excitation de la peau
s'est maintenue dans des bornes si favorables , je
citerais, d'une part, les cas assez nombreux, où les
premiers bains ont amené, avec un sentiment inso-
lite de chaleur générale, des insomnies prolongées et
répétées jusqu'au moment où les bains ont été inter-
rompus. En général, il a suffi de deux ou trois jours
de repos, pour permettre de recommencer l'usage
des eaux, en ayant toutefois la précaution de donner des bains moins prolongés. Cependant, quelque
soin que l'on ait pris de ménager ainsi leur action

pour quelques sujets plus irritables, il n'a pas toujours été possible d'arriver à les faire supporter,
et, malgré les variations que l'on a apportées à leur
durée, à leur température à leur succession plus ou
moins rapprochée, une excitation générale trop
vive, une exaspération des symptômes qu'on voulait enlever, imposaient dans ces cas l'obligation ab-
solue de renoncer aux bains.

D'autre part, j'ai vu quelques malades, atteints
d'affections dartreuses anciennes, chez lesquels un
assez grand nombre de bains n'a rien produit. La
maladie est demeurée ce qu'elle était avant leur
usage, et cependant, dès les premiers jours, une
modification notable s'était présentée. Des démangeaisons insupportables s'étaient calmées ; l'aspect
enflammé d'une partie recouverte par les dartres
avait sensiblement diminué ; des croûtes anciennes
s'étaient détachées sans apparences d'autres qui dus-
sent les remplacer. Mais peu à peu, et malgré la con-
tinuité des bains, ces signes favorables s'étaient
effacés, et le mal avait reparu, se montrant désormais rebelle à l'action des eaux. Tout cela se passait en général dans des cas de maladies fort anciennes, ou chez des sujets âgés, dont la peau relâchée,

affaiblie , avait bien pu ressentir les premières
impressions d'un stimulus nouveau pour elle , mais
avait fini par s'y montrer insensible , soit parce que
la faiblesse actuelle de cet organe ne lui permettait
plus de réagir , soit parce que l'action du stimulus
lui-même n'avait pas une énergie suffisante pour ré-
veiller une sensibilité trop engourdie. Quoi qu'il en
soit , on voit qu'il a été possible d'observer l'action
des eaux de Foncaude , avec toutes les variations qui
se présentent dans les conséquences d'une cause
active, lorsqu'elles se développent sur des êtres qui
d'ailleurs , par leur propre nature, sont appelés à les
modifier. On voit qu'elles se sont offertes avec tous
les caractères communs aux réactions dont le corps
de l'homme devient le théâtre, sous l'impression des
divers stimulus qui l'entourent , et que , sous ce
rapport, rien ne manque à la démonstration de son
existence réelle.

J'avais signalé, au nombre des effets produits par
les eaux de Foncaude, une plus grande activité dans
l'accomplissement des fonctions digestives. Elle me
paraissait pouvoir s'expliquer , soit par la partici-
pation des organes qui les remplissent à la réaction

générale qui suit le bain, soit par un retentissement sympathique des effets dont la peau est le siége, soit enfin par la douce stimulation que quelques verres d'eau pouvaient avoir produite directement sur l'estomac et les intestins. Quelques faits assez remarquables ont fourni l'occasion de mieux constater ces heureux résultats, et permettent de supposer que certaines affections des premières voies pourraient bien trouver à Foncaude un remède salutaire. Dans aucun cas, même lorsqu'elles ont été prises en grande quantité, ces eaux n'ont agi comme purgatives ; et si deux ou trois malades, sujets à des constipations habituelles, ont éprouvé sous ce rapport quelques modifications favorables, celles-ci ont été trop faiblement dessinées, pour qu'elles méritent qu'il en soit tenu compte comme d'un effet purgatif, ou bien elles doivent alors être entièrement rapportées à la plus grande tonicité que les intestins ont pu retrouver sous l'action directe des eaux. C'est, en effet, chez des sujets dont les digestions paraissaient ralenties par l'atonie des organes qui en sont chargés, qu'on les a constatées ; et, comme en général cette lenteur des intestins à se décharger des résidus alimentaires remontait à une époque fort éloignée, les modifications obtenues n'ont pas été durables ; elles ont été promptement remplacées par l'ancien état des choses.

Parmi les cas dans lesquels l'action des eaux de Foncaude sur les organes digestifs s'est clairement établie, deux surtout méritent d'être remarqués. Dans l'un, les intestins eux-mêmes étaient le siége du mal qui s'est guéri ; dans l'autre, l'organe important d'une fonction qui se lie intimement à celle des premières voies, le foie, avait primitivement souffert, et de cette première maladie qui semblait terminée, il était cependant resté une sorte de gastralgie, qui existait concurremment avec une affection de la peau, pour laquelle la malade venait à Foncaude. L'un et l'autre cas ont offert des résultats assez remarquables, pour qu'il faille, ce me semble, en tenir compte, quand on cherche à apprécier l'action générale du moyen qui les a produits. On en jugera par les faits eux-mêmes.

Une jeune enfant de 12 ans, d'un tempérament lymphatique, d'une faible constitution, fut atteinte en Afrique d'une dyssenterie sanguinolente, qui s'accompagna, dès le début, d'un état fébrile intense, et sans doute en rapport avec l'irritation ou le mouvement fluxionnaire dont la membrane muqueuse des intestins était le siége. La longue persistance de cette affection, qui prit une forme chronique, fit reconduire en France cette jeune, enfant. Elle vint à Montpellier, et fut confiée aux soins de M. le professeur R. d'Amador, qui, après avoir employé différents moyens, proposa l'usage des bains de Foncaude. A cette époque, la malade, exempte de fièvre, était fort affaiblie, ne digérait qu'avec peine et fort imparfaitement. Sa peau, décolorée et d'une pâleur brunâtre, avait perdu la souplesse et la douceur qu'elle offre ordinairement au toucher. Le ventre, sans tuméfaction et sans dureté, était un peu douloureux à la pression. Les selles étaient fréquentes, liquides, et souvent uniquement composées d'un sang noirâtre, mêlé de quelques caillots. La langue offrait peu de rougeur ; elle était habituellement humide. Les bains de Foncaude furent donnés à une température agréable ; un ou deux verres d'eau furent prescrits en boisson. Au bout de cinq à six bains, dont les effets physiologiques se prononçaient clairement, une amélioration très-notable s'était déjà manifestée, lorsqu'une cause accidentelle força à les interrompre. Le retour des selles sanguines qui s'étaient supprimées, suivit promptement cette interruption involontaire. Sous l'influence des eaux que l'on remit aussitôt en usage en bains et en boisson, le mieux, primitivement obtenu, ne tarda pas à se reproduire, et se confirma de telle sorte qu'après 25 bains la jeune malade s'est trouvée solidement guérie. Les évacuations alors avaient repris leur caractère normal. La peau, redevenue souple et douce au toucher, avait retrouvé sa coloration naturelle et fonctionnait régulièrement ; les forces se réparaient et s'augmentaient chaque jour, aidées en cela par l'activité et la régularité que les fonctions digestives bien rétablies avaient rendues à la nutrition. Après une assez longue interruption de l'usage des eaux de Foncaude, la santé de cette jeune enfant ne s'était pas un seul instant démentie ; mais, par plus de précaution sans doute, M. le professeur Risueño d'Amador conseilla quelques bains dans l'eau de Barèges factice. Cette enfant est retournée en Afrique auprès de sa famille, et j'ai récemment appris qu'elle n'avait pas éprouvé la plus légère rechute de dyssenterie.

Une dame, âgée de 40 ans, d'un tempérament

bilioso-sanguin, encore bien réglée, éprouva, il y a quelques années, une irritation du foie avec engorgement notable de cet organe. Les digestions se dérangèrent. Au mois de juillet 1846, le foie n'offrait plus ni augmentation de son volume ; ni douleur à la pression, mais l'estomac n'accomplissait encore ses fonctions qu'avec lenteur et difficulté, et pendant les digestions il devenait le siége d'une douleur qui s'accompagnait de flatuosités, et qui, dans bien des cas, fatiguait beaucoup la malade. Son appétit avait diminué ; elle avait maigri, et, depuis deux ans, cet état s'était compliqué d'une maladie cutanée. Une éruption constante de plaques rouges, aplaties, peu étendues, s'était manifestée sur toute la figure, principalement vers le front. Il n'était jamais survenu ni de pustules ni de suintement séreux ou purulent ; mais, au bout de quelques jours, chaque tache donnait lieu à de petites écailles furfuracées qui se détachaient spontanément. Bientôt de nouvelles taches surgissaient, et, par cette succession non interrompue, la figure de la malade offrait toujours des taches encore à leur début, et d'autres dont la desquamation s'opérait. C'était surtout contre cet état maladif de la peau, que les eaux de Fon-

caude avaient été conseillées. La malade les prit
en bains, et en boisson, à la dose de trois ou quatre
verres. Après cinq à six jours de leur emploi, la
figure n'offrait encore aucun changement ; sans
qu'il fût survenu aucune évacuation notable, les
digestions s'étaient améliorées ; elles étaient plus
promptes, plus faciles, et, pendant leur durée, l'estomac n'éprouvait plus aucun sentiment pénible.
Après le 12ᵉ bain, les taches rouges de la figure
avaient presque entièrement disparu ; cependant,
le moindre frottement réveillait encore sur cette
partie une vive coloration. Après 30 bains, il ne
restait plus aucune trace de l'éruption ; la figure
était beaucoup plus pâle, le teint uni et posé ; on
n'apercevait nulle part ni rougeurs ni écailles
furfuracées à l'épiderme. Les digestions conti-
nuaient à se montrer faciles et régulières ; l'appétit
s'était augmenté, et, par suite d'une meilleure nutrition, l'embonpoint commençait à revenir.

Dans les deux observations que je viens de
rapporter, la puissance curatrice des eaux de Foncaude s'est étendue jusqu'aux maladies des organes
digestifs. Des faits de ce genre donnent, sans
doute, plus d'importance à ce que j'ai déjà dit dans

mon premier travail , en signalant un exemple de
dyssenterie guérie chez un jeune enfant. Mais, prou-
vent-ils qu'il y ait eu dans ces cas une action
directe , spéciale ? Ils offrent tous un état pathologique de la peau si évident , qu'il est , je l'avoue ,
bien permis de penser que la guérison de celui-ci
a exercé une grande influence sur le rétablissement
des fonctions digestives , quelque relation qu'il
existât d'ailleurs entre ces deux états morbides, sous
le rapport de cause et d'effet ; et par conséquent
nous devons encore demander à l'expérience des
données plus nombreuses et plus positives, pour
pouvoir répondre catégoriquement à cette importante question.

Un résultat qui généralement s'est fait remarquer sur tous les malades qui ont bu les eaux de
Foncaude, pendant qu'ils prenaient des bains, est
l'augmentation notable des urines. Sous ce rapport
il n'était pas possible de confondre ce qui se passait ,
avec ce qu'on observe quelquefois sous l'influence
d'un bain simple , qui, pendant sa durée , active
passagèrement cette sécrétion. Dans ce cas, l'augmentation que l'on constate , s'élève à une faible

quantité ; elle est très-probablement en rapport avec l'eau qui a pu être absorbée par la surface du corps ou avec la diminution passagère de l'exhalation cutanée. Mais, dès que l'une et l'autre de ces circonstances cessent d'avoir lieu, les fonctions des voies urinaires reviennent à leur activité accoutumée, et toute augmentation de sécrétion s'efface. Il n'en a pas été de même chez les baigneurs qui buvaient les eaux de Foncaude ; non-seulement l'effet diurétique se soutenait long-temps après le bain, mais il se trouvait constamment tout-à-fait hors de proportion avec les deux causes d'augmentation que j'ai signalées.

Un effet attribuable à la seule quantité d'eau ingérée, pouvait être dans quelques cas une cause plus réelle d'erreur. Un grand nombre de personnes suivaient, à Foncaude, le principe erroné que l'on retrouve dans tous les établissements d'eaux minérales, et qui porte à en boire la plus grande quantité possible. Quelques baigneurs prenaient jusqu'à vingt verres d'eau, et n'auraient pas craint d'aller plus loin, s'ils avaient trouvé des buveurs plus intrépides qu'eux. Fort heureusement un flux très-abondant d'urine, en produisant une décharge presque

immédiate des organes digestifs, les mettait chaque
jour à l'abri des inconvénients graves qu'une pareille
masse d'eau pouvait déterminer; et, selon toute appa-
rence, cette quantité elle-même ne contribuait pas
pour peu de chose à la sécrétion copieuse des urines. C'était là une circonstance qui, dans l'appré-
ciation des effets directs de nos eaux, pouvait devenir une cause d'erreur. Aussi, n'acceptant jamais
les rapports des malades qui se plaçaient dans cette
catégorie, je n'ai tenu compte que des faits observés
chez ceux qui se réduisaient à la boisson de trois,
quatre ou cinq verres au plus. Chez eux, les urines
étaient promptement augmentées; elles coulaient
sans irritation, même quand cette disposition s'était
réalisée, chaque jour, pendant trois semaines ou un
mois. Les effets journaliers se soutenaient en général
assez long-temps; et rien n'était plus facile, à cause
de la quantité de liquide que chaque évacuation en-
traînait, que de constater combien sa masse totale était
de beaucoup plus considérable que celle des eaux
prises en boisson. L'effet diurétique s'établissait
d'ordinaire assez promptement; les évacuations se
succédaient alors avec rapidité, et quelquefois elles
devenaient incommodes. Elles diminuaient enfin de

fréquence, quelques heures après que la boisson avait cessé; mais, vers la fin du jour, chaque fois qu'elles se renouvelaient, elles offraient une augmentation notable sur ce qu'elles étaient dans l'état ordinaire.

Jusqu'ici, cette action diurétique a été rarement la cause spéciale de l'administration des eaux de Foncaude. Cependant, parmi les malades qui les ont fréquentées, en 1846, il en est un qui en a retiré des effets fort remarquables; et comme d'ailleurs la peau fut aussi chez lui le siége d'une action bien prononcée, cette observation me paraît assez intéressante pour être rapportée avec quelques détails.

Monsieur........ âgé de 52 ans, d'une forte constitution, d'un tempérament bilioso-sanguin, éprouva, en 1817, après un violent exercice d'escrime, une rougeur érythémateuse sur toute la partie droite du corps. Cette éruption s'effaça promptement, soit à cause de sa nature même, soit qu'elle cédât à quelques moyens répercussifs que l'on mit en usage. Plusieurs années après, un long voyage à cheval fut suivi de l'apparition de rougeurs, avec vives démangeaisons sur tout le scrotum. Les fatigues du siége de la citadelle d'Anvers, auquel le malade assista, et, pendant sa durée, l'influence d'une mauvaise saison , d'une nourriture de mauvaise qualité, augmentèrent considérablement les démangeaisons et la rougeur du scrotum. Un médecin militaire conseilla alors d'appliquer sur la partie une pommade dont M..... ignore la composition. L'éruption disparut promptement; mais, immédiatement après, une douleur très-forte se fit sentir dans le canal de l'urèthre, s'y fixa, et par sa durée amena des rétrécissements qui, sans doute, furent la conséquence d'un état inflammatoire de la membrane muqueuse. Par suite, l'émission des urines devint difficile et très-douloureuse.

Malgré que M... n'eût jamais eu le moindre symptôme apparent de maladie vénérienne, on s'obstina à lui faire subir plusieurs traitements antisyphilitiques, qui restèrent sans succès contre les douleurs et la difficulté qu'il éprouvait en urinant. Cet état durait depuis deux ans, lorsque des graviers d'acide urique parurent dans les urines, et donnèrent lieu à des attaques violentes et plus ou moins rapprochées de coliques néphrétiques, contre lesquelles les eaux de la Preste et de Vichy ont toujours procuré du soulagement. En 1846, quelque temps après avoir bu, sans résultat notable, les eaux de Saint-Galmier,

M..... essaya les eaux de Foncaude en bains et en boisson. Sept à huit bains suffirent pour déterminer sur la peau des cuisses et des jambes l'apparition de quelques plaques dartreuses, et pour faire reparaître les rougeurs et les vives démangeaisons du scrotum ; les urines coulaient aussi en grande abondance, et déjà les douleurs qu'elles causaient habituellement, se trouvaient considérablement amoindries. Ce bon effet s'accrut de plus en plus, et, après trente jours de l'emploi des eaux, M..... avait retrouvé une santé fort satisfaisante.

Depuis que l'émission des urines était douloureuse, elles ne cessaient pas, bien que limpides en sortant, de se troubler par le repos, de devenir bourbeuses, et de donner une quantité plus ou moins grande d'acide urique, quelquefois sous forme de sable. Sous l'influence des eaux de Vichy, elles entraînaient d'abord une grande quantité de glaires très-difficiles et très-douloureuses à expulser, puis abondamment de sable rouge, dont la masse diminuait peu à peu pour disparaître enfin tout-à-fait. Bien que les eaux de Foncaude aient décidé un effet diurétique toujours très-prompt et souvent porté au point d'être incommode, les urines ne cessèrent d'être bourbeuses que près de trois semaines après l'abandon de l'usage des eaux. Mais l'absence du sable ou du dépôt après leur refroidissement, s'est prolongé plus long-temps que jamais ; l'hiver s'était presque écoulé sans qu'ils eussent reparu. Il y a même cela de remarquable, que, pendant une amélioration semblable, résultant de l'emploi des eaux de la Preste ou de Vichy, le moindre écart de régime, un peu de café ou de liqueur, une promenade à cheval, suffisaient pour rendre de nouveau les urines sédimenteuses. Depuis l'emploi des eaux de Foncaude, le bien qu'elles ont produit a résisté à ces mêmes causes. Du reste, cette différence ne me paraît pas difficile à comprendre, quand on observe que l'affection cutanée qui avait reparu sous l'action des premiers bains de Foncaude se soutient encore, qu'elle cause, aux cuisses surtout, une grande et vive démangeaison, et que rien de semblable n'avait eu lieu, tant que M..... avait eu recours à d'autres eaux minérales.

Les divers faits que je viens de rapporter, donnent une idée de la variété des maux que les eaux de Foncaude ont guéris, et peuvent faire admettre de leur part quelques effets physiologiques secondaires,

c'est-à-dire, moins positifs, moins constans que ceux
qu'elles exercent sur la peau. Mais, si l'on veut bien
analyser avec quelque attention les divers caractères
de tous ces cas particuliers, si l'on cherche à se
rendre compte des principaux éléments morbides qui
les constituaient, on n'aura pas de peine à s'assurer
que, chez la plupart d'entre eux, indépendamment
de l'état maladif d'un organe particulier, il existait
aussi, comme élément actif de tout l'état pathologique, une altération plus ou moins grave des
fonctions cutanées. Là était, sans doute, l'élément
prédominant de la maladie, bien que, dans chacun de
ces cas, des causes accidentelles, des idiosyncrasies
variées lui eussent imposé, avec la complication de
quelques éléments distincts, une forme toute spéciale. Il est donc à croire que c'est principalement en
appelant sur la peau des réactions fréquentes, et qui
devenaient des mouvements perturbateurs, à la suite
desquels son action régulière se trouvait rétablie,
que les bains ont été utiles. Et si des catarrhes pul-
monaires, des dyssenteries, des irritations chroniques de la vessie et des voies urinaires ont été dissi-
pées par ce moyen, c'est surtout parce que la peau
a été le siége d'une révulsion puissante, soutenue, à

laquelle elles ont cédé. L'expérience de chaque jour
ne nous montre-t-elle pas l'influence heureuse de ce
mode de traitement accompli, par le moyen d'agents
thérapeutiques d'une nature différente? Cette expli-
cation rationnelle des effets curateurs des eaux de
Foncaude, m'autorisera donc à ranger, sous deux
chefs principaux, les maladies auxquelles il sera
possible de les appliquer. D'un côté, se trouveront
les maladies que l'effet des eaux atteint et combat
directement, les maladies de la peau ; de l'autre, celles
qui, fixées sur des organes ou des systèmes d'organes en rapport sympathique avec la peau, pour-
ront être modifiées par les stimulations diverses
dont elle est le siége ; celles, en un mot, que les eaux
de Foncaude ne peuvent guérir que d'une manière
indirecte. C'est cette division que je vais suivre, en
rapportant celles des nombreuses observations recueillies à Foncaude pendant l'été de 1846, qui me
paraissent offrir le plus d'intérêt.

Les maladies cutanées se sont présentées en grand
nombre et sous une variété infinie de formes. S'il
n'a pas toujours été facile d'assigner à chacune
d'elles une étiologie assez clairement établie, pour
qu'on puisse à ce sujet apprécier, d'une manière ab-

solue, les rapports qui existent entre tel ou tel genre de cause et le mode de traitement que nous voyons s'établir à Foncaude, il est cependant permis de ranger sous trois chefs principaux les divers cas que j'ai observés. Quelques sujets devaient à une hérédité manifeste les affections dartreuses dont ils étaient atteints, et le soulagement qu'ils ont obtenu, porté dans certains cas jusqu'à la disparition complète de la maladie, n'a pas toujours eu toute la persistance désirable. Chez plusieurs d'entre eux, l'affection s'est de nouveau manifestée, quand les grandes variations que l'hiver apporte dans la température, sont venues entraver l'accomplissement régulier des fonctions de la peau. En général, il est pourtant vrai de dire que la maladie n'a pas toujours reparu aussi intense qu'elle l'était auparavant. Chez d'autres sujets, elle se liait à la lésion de divers viscères, existait en même temps qu'elle, ou même se prolongeait encore, tandis que l'état pathologique dont elle dépendait dans le principe, était dissipé depuis un temps plus ou moins long. Dans le premier cas, les eaux de Foncaude ont quelquefois fait disparaître et la lésion primitive du viscère malade et la maladie cutanée ; dans le second, la guérison de cette dernière n'a pas, en général, offert de difficulté, et s'est jusqu'ici montrée solidement établie. Enfin, chez bien des malades, l'époque à laquelle la maladie de la peau s'était montrée, ne pouvait point être précisée, et cette même obscurité se retrouvait encore sur la cause à laquelle on devait l'attribuer. Un mauvais régime alimentaire, des soins hygiéniques mal observés, l'influence d'une profession particulière, d'une habitation malsaine devaient souvent alors être invoqués; mais je dois avouer que quelquefois l'absence de toutes ces circonstances laissait dans un vague absolu l'étiologie recherchée. C'est surtout dans ce troisième groupe, que j'ai observé les complications multipliées des maladies de la peau avec celles d'autres systèmes importants. Ainsi, celles des diverses membranes muqueuses, celles du système musculaire s'y trouvaient fort souvent réunies à la maladie cutanée, et, quel qu'eût été l'ordre dans lequel ces diverses complications s'étaient manifestées, il n'a pas influé d'une manière appréciable sur les effets obtenus. Cela tenait, sans doute, à ce que l'une et l'autre maladie étaient sous la dépendance primitive d'une altération des fonctions générales de la peau, et trouvaient, dans le moyen mis en usage, un remède direct à leur cause essentielle.

Quant aux modifications qui, sous l'influence des eaux, survenaient dans la maladie et conduisaient à la guérison, les choses ne se sont pas toujours passées de la même manière. Quelquefois nul effet sensible ne se manifestait, si ce n'est une diminution graduelle des symptômes qui cédaient, l'un après l'autre, jusqu'à ce que toute trace sensible de la maladie se fût complétement effacée; et la guérison s'accomplissait ainsi sans secousses, sans orages qui vinssent d'abord faire douter du succès. Mais il n'en était pas toujours de même. Ainsi, j'ai déjà parlé de quelques-unes des modifications qui se produisaient sous la première impression des eaux de Foncaude. Cette exaltation dans les propriétés vitales de la peau, qui était la suite de la répétition journalière des phénomènes de dépression et de réaction, semblait quelquefois devoir tourner au profit de la maladie, au lieu de la faire disparaître. Tantôt elle la généralisait, comme cela eut lieu chez l'enfant qui portait un *eczema* du cuir chevelu, et qui fut guéri après qu'une éruption de vésicules pustuleuses, semblables à celles de la tête, se fût manifestée sur toute la surface du corps. Tantôt elle décidait l'apparition d'une autre maladie, comme cela arriva chez la jeune personne qu'une violente éruption d'*essera* affranchit, mieux que ne l'avaient pu faire jusqu'ici divers bains sulfureux, d'une dartre pustuleuse, *acne simplex*, fort péniblement fixée sur diverses parties du visage.

Quelquefois les signes de l'activité du travail dont la peau était le siége, se réduisaient à un prurit général, ou seulement de la partie où le mal s'était fixé. Le premier décidait, chez quelques sujets, des insomnies fatigantes, qu'une courte interruption des bains faisait bientôt cesser, sans qu'en général leur reprise fût suivie du même inconvénient. Le second, qui s'est rencontré plus rarement, avait l'inconvénient d'alarmer plus sérieusement les malades. Il était difficile de leur persuader que cette modification de leur mal, souvent assez pénible à supporter, pût, à la suite, amener un résultat favorable. Et si, chez certains d'entre eux, cette démangeaison si incommode n'eût cependant permis de constater, de la manière la plus évidente, que déjà quelques pustules avaient disparu; que la rougeur qui s'étendait plus ou moins

autour des groupes qu'elles formaient, avait beaucoup perdu de son intensité ; que la peau de la
partie malade et de tout le corps retrouvait une
douceur, une souplesse qu'elle n'avait plus depuis
long-temps , il n'eût pas été possible de les décider
à retourner à Foncaude. Heureusement qu'un peu
de persévérance ne tardait pas à faire naître le ré—
sultat tant désiré.

L'excitation générale de la peau qui suivait quelquefois les premiers bains, pouvait devenir fort
incommode, si , par l'interruption de ceux-ci , on
ne s'opposait promptement à son accroissement
progressif. De même que des sujets , doués d'une
très-grande mobilité nerveuse , retiraient d'un
nombre de bains trop considérables , une sur-
excitation qui forçait de les abandonner ; de même
la peau , sous des circonstances semblables ,
s'est montrée quelquefois le siége d'une telle sur-
excitation , que la fièvre est venue s'y joindre,
témoignant ainsi du retentissement général de l'action des eaux sur l'ensemble de l'économie , et de la
nécessité d'y mettre un terme. Une femme de 35
ans , d'un tempérament lymphatique , éprouvait,
depuis 3 ans, une forte éruption de *psoriasis gut-*

tuta, *dartre furfuracée* d'Alibert. Quelques pustules éparses sur le corps et assez grosses pour ressembler à de petits furoncles, compliquèrent cet état, pendant lequel la menstruation s'était d'abord dérangée ; quelques douleurs vagues se firent alors sentir dans l'hypochondre droit. Bientôt après survint une grossesse, et cette femme allaitait encore son enfant, âgé d'un an, quand elle vint à Foncaude. Alors l'abdomen offrait, avec un développement considérable, une dureté telle qu'on ne pouvait s'assurer, par la pression, de l'état des viscères, sur lesquels le bon état des fonctions digestives et de la nutrition faisaient, du reste, supposer qu'il n'existait aucune lésion grave. Cette dureté n'offrait ni résonnance ni fluctuation, et la pression ne causait aucune douleur, même dans la région du foie.

Tout le corps offrait encore une éruption furfuracée, dont quelques plaques étaient assez larges et fournissaient parfois, après la chute des squammes, un léger suintement séreux. Quelques grosses pustules isolées se montraient aussi à différents endroits, et les vives démangeaisons dont la peau était le siége, causaient à la malade de fréquentes insomnies.

Les cinq premiers bains de Foncaude calmèrent les démangeaisons, et, par conséquent, rendirent à cette femme du calme pendant la nuit. Arrivée au 15° bain, elle éprouvait, au contraire, une vive excitation sur toute la peau, qui se couvrit de petites taches rouges, aplaties, irrégulières, sans pustules, mais un peu relevées. Un état fébrile très-prononcé survint, causa de l'altération, ramena les insomnies, réveilla la douleur de l'hypochondre droit, et fort heureusement ne s'opposa pas au retour des menstrues, dont l'époque était arrivée. Malgré tous ces effets, cette femme n'avait pas discontinué les bains, et n'y mit un terme que lorsque je fus informé de ce qui se passait. Le repos, quelques tisanes délayantes, amenèrent vite du calme et la cessation de ces accidents ; mais je n'ai pu savoir quel avait été l'effet des bains sur l'éruption habituelle

Nous avons, en général, obtenu des effets plus heureux dans le traitement des diverses espèces de *psoriasis* qui se sont présentées à Foncaude. Ils furent surtout remarquables sur une jeune fille de 16 ans, qui portait sur tout le corps une éruption de petites plaques squammeuses, causant une démangeaison si vive, que partout , sur la peau, on reconnaissait la trace des ongles. Sur le tronc et sur les membres , les plaques étaient peu étendues , isolées les unes des autres. Elles étaient moins limitées sur sa figure , où l'une d'entre elles occupait toute la paupière inférieure droite et une grande partie de la joue , et où celles qui avaient envahi le lobule des oreilles , se répandaient jusque sur la partie inférieure du visage. Ces dernières, plus que toutes les autres , tendaient à se couvrir de croûtes épaisses plutôt que de simples écailles ; et quand les unes ou les autres se détachaient, elles laissaient sur les diverses parties du corps où elles étaient fixées , une rougeur intense , sur laquelle la sérosité qui suintait faisait prévoir la formation de squames nouvelles. Les premiers bains augmentèrent subitement les démangeaisons ; bientôt cependant elles cessèrent , et les nuits furent tranquilles. Les diverses plaques écailleuses commencèrent à se détacher sans laisser de rougeur après elles. Après le 10ᵉ bain , toute trace d'affection dartreuse avait disparu sous l'œil droit , sous l'oreille gauche ; la droite en offrait encore quelques vestiges ; à peine en restait-il sur le tronc et sur

les membres. Peu de jours après , la peau avait re-
couvré , dans toute son étendue, son état et son
aspect naturels ; toute démangeaison avait complétement cessé, et les nuits tranquilles que la jeune
malade avait recouvrées , contribuaient sans doute
au retour de la fraîcheur de son teint, qui , quelques jours auparavant, indiquait , au contraire ,
un état de fatigue et de souffrances habituelles.

Le *psoriasis dorsalis* , le *psoriasis palmaria* se
sont fréquemment présentés. Un des faits qui ap-
partiennent à la première de ces deux variétés ,
s'observa chez une demoiselle de 28 ans, bien réglée, d'un tempérament bilieux , et qui, depuis une
quinzaine d'années , portait sur la face dorsale des
mains , une éruption qui s'était montrée rebelle à
tous les moyens qu'on avait mis en usage. De
petites papules rouges, enflammées , accompagnées
d'une vive démangeaison , survenaient, s'ulcéraient
promptement , et donnaient lieu , tantôt à des gerçures longues, étroites , laissant suinter un peu
de sérosité , tantôt à des croûtes ou mieux à des
écailles. Tout le dos des mains , depuis le poignet
jusqu'aux dernières articulations des doigts , était
envahi par cette maladie. Sous tous les autres rap-

4

ports , la santé de cette personne ne laissait rien à désirer. Malgré l'ancienneté de cette affection, elle céda promptement aux bains de Foncaude. Après le 15ᵉ , la peau des mains avait repris son aspect naturel ; l'épiderme qui la recouvrait , offrait une douceur, une finesse qu'il n'avait jamais , quand il se trouvait momentanément dégagé par la chute des squames et par la guérison des gerçures. Quelques bains de plus consolidèrent l'amélioration obtenue ; et ce n'est que vers la fin de l'hiver, que quelques excoriations peu étendues et passagères se sont montrées de nouveau, quoique, du moment où elle se vit guérie , en automne 1846 , la malade ne se soit pas abstenue d'exposer ses mains au contact des liquides savonneux et alcalins , à l'action desquels elle rapportait sa maladie.

Des exemples nombreux de *psoriasis palmaria* se sont aussi guéris à Foncaude. La plupart d'entre eux , faiblement dessinés pendant l'hiver, prenaient , dès que les premières chaleurs se faisaient sentir , une activité bien plus grande. De petites écailles blanchâtres , succédant quelquefois à de petites papules , se soulevaient dans le milieu de la main. Elles s'entouraient bientôt d'écailles semblables, qui, tan-

dis que le point primitivement malade se guérissait
et se recouvrait d'un épiderme sain, propageaient
la maladie par une marche excentrique, et quelquefois la portaient ainsi jusqu'au poignet et jusqu'aux
extrémités des doigts. Parfois de petites gerçures
succédaient aux écailles, et là seulement se faisaient
sentir des démangeaisons incommodes. En général,
un petit nombre de bains suffisait pour faire totalement disparaître cet état; et je ne suis pas éloigné
de croire que la guérison s'obtenait surtout, parce
que leur usage amenait des sueurs générales plus
faciles et plus abondantes. J'ai vu pourtant cette
maladie portée à un degré assez incommode, chez
un homme de 50 ans environ, d'un tempérament
bilieux fortement prononcé et menant une vie sédentaire, résister aux bains de Foncaude, pris avec
persévérance. La peau, d'une coloration brune
très-prononcée, offrait au toucher une finesse, une
douceur assez naturelles, mais elle présentait aussi
une sorte de fermeté qui lui ôtait quelque peu de
sa souplesse ordinaire. Ces dispositions naturelles
influaient-elles sur la régularité de la transpiration
insensible, et pouvaient-elles ainsi, aidées du tempérament et du genre de vie du sujet dont il est ques-

tion, être la cause première et persistante du psoriasis ? Il ne m'a pas été possible de trouver cette cause dans toute autre circonstance évidente ; mais cette maladie, qui avait résisté à des bains d'eaux sulfureuses naturelles mis en usage pendant plusieurs années, ne céda pas davantage à l'emploi des eaux de Foncaude. Les résultats furent à peu près nuls.

J'ai laissé entrevoir que je croyais qu'il fallait rapporter la guérison de quelques exemples de psoriasis, à l'augmentation des excrétions qui s'accomplissent sur la surface de la peau. Cette influence favorable s'est fait ressentir, d'une manière bien évidente, dans un grand nombre de cas de nature différente ; et, ce qu'il y a eu de remarquable, c'est que, dans leur nombre, il s'est trouvé quelques exemples, où cette augmentation de l'exhalation cutanée, se montrant dans quelque point particulier, restait long-temps après la guérison de la maladie, et semblait faire les fonctions d'un exutoire naturel. J'en citerai pour exemple le fait suivant : Une personne de 40 ans, d'un tempérament bilieux, encore fort exactement réglée, était, depuis quelques années, atteinte d'un *eczema* qui,

dans le principe , fixé sur les deux faces de chaque
oreille, avait fini par envahir une grande partie des
régions supérieures et latérales du cou , et presque
tout le cuir chevelu. Les petites vésicules qui se
montraient , groupées en assez grand nombre, fi-
nissaient par donner lieu à des surfaces largement
excoriées , humides d'une sérosité quelquefois assez
abondante , d'autres fois se desséchant en petites
écailles furfuracées , dont la surface de la tête
fournissait ordinairement une fort grande quantité.
Des douleurs rhumatismales chroniques , dont les
épaules et les bras étaient le siége habituel , com-
pliquaient cette éruption d'une manière fort pénible, et formaient avec elle un ensemble pathologique , qui, le plus souvent , ne laissait aucun repos
pendant la durée de la saison froide et humide. Le
mal avait été passagèrement amendé par des remèdes internes , par des vésicatoires multipliés ,
par quelques lotions. Celles surtout que l'on prati-
quait avec une dissolution de sous-borate de soude
dans l'eau ordinaire , avaient assez souvent bien
nettoyé la peau ; mais jamais on n'avait obtenu
de guérison aussi complète que celle que procu-
rèrent vingt bains pris dans les eaux de Foncaude ,

à la température d'un bain ordinaire. L'hiver entier s'est passé sans éruption, et les douleurs rhumatismales ont été si rares, si passagères, si faiblement prononcées, que la malade s'est regardée comme complétement guérie. Il me reste à ajouter que ses pieds sont devenus le siége d'une transpiration tellement abondante, qu'elle exige un excès de soin de propreté, dont la nécessité ne s'était jamais fait sentir ; habituellement, au contraire, la peau de cette partie offrait de la sécheresse.

Nous avons vu venir, à Foncaude, un grand nombre de personnes atteintes d'*acne simplex,* d'*acne rosacea ; couperose, dartre pustuleuse du visage;* contre lesquelles les eaux se sont montrées efficaces. Mais, par une particularité assez curieuse, c'est principalement chez les femmes que mes observations sur ce genre de maladie ont été recueillies. Les résultats que nous avons obtenus, ont été surtout remarquables chez deux personnes, dont la maladie, liée à une disposition héréditaire d'autant plus évidente qu'elle se retrouvait chez leurs pères et chez leurs enfants, a été si heureusement modifiée, que, chez l'une d'elles, quelques atteintes légères et passagères se sont seulement manifestées

depuis. Cependant sa figure offrait, au milieu d'une
teinte rouge et quelquefois violacée qui occupait
habituellement le bout du nez , les pommettes et le
menton , de petites pustules en suppuration et des
écailles furfuracées qui rendaient la peau de ces
parties inégale, rugueuse, soulevée. Chez l'autre ,
cette disposition , moins marquée, était aussi moins
constante; et bien que l'hérédité fût aussi manifeste,
j'avais vu l'éruption dont la figure était le siége ,
se lier dans ses apparitions plus prononcées , tantôt
avec quelque dérangement de la menstruation ,
tantôt avec l'existence d'un flux leucorrhéique ,
dont l'abondance et la durée influençaient aussi
notablement la régularité des fonctions de l'estomac. Les pustules , les écailles furfuracées , les
plaques rosacées étaient moins prononcées que dans
le premier exemple, et , soit par ce motif , soit
par les modifications heureuses qui sont survenues
dans la leucorrhée elle-même , la guérison a été
plus complète. La plus légère manifestation ne
s'est pas encore reproduite, et le teint a retrouvé
toute la fraîcheur , tout le brillant coloris auquel
l'âge de la malade ne devait pas encore faire renoncer.

Je mentionnerai rapidement les bons effets que les eaux de Foncaude ont eus dans quelques exemples de cette variété d'*éphélides*, qu'Alibert a désignées sous l'épithète d'*hépatiques*. Chez aucun des sujets qui les ont présentées, il n'était pas possible de constater la moindre lésion dans le foie, la moindre altération dans ses fonctions ; seulement on ne pouvait méconnaître chez eux l'existence des caractères du tempérament bilieux. Le front, le dessous des paupières inférieures, le menton, le cou et le devant de la poitrine étaient, dans un des cas, les lieux où les éphélides s'étaient établies en plaques assez grandes, pour que le front entier fût occupé par une seule d'entre elles. Chez la même personne, une autre espèce d'affection dartreuse plus ancienne se montrait encore sur le visage ; elle était formée de quelques petites plaques de dartres furfuracées, qui, au milieu des éphélides hépatiques, avaient conservé leur couleur et leur aspect particulier. Une menstruation régulière, des forces digestives que rien n'altérait, un régime hygiénique sagement combiné, laissaient dans le vague la cause à laquelle il fallait rapporter des maladies qui dénotaient une altération assez profonde des fonctions cutanées, et qui, la

première surtout, avaient résisté à l'usage de diverses eaux sulfureuses, conseillées pendant plusieurs
années. Nous essayâmes celles de Foncaude, et, sous
leur influence, la figure se nettoya complétement;
les éphélides, dont d'autres parties de la peau étaient
recouvertes, disparurent aussi, et quelques plaques
de dartres furfuracées sont les seules traces d'affection cutanée qui aient reparu depuis lors.

Enfin, avant de terminer l'exposition des exemples que j'ai cru devoir choisir parmi les faits relatifs
aux diverses variétés des maladies de la peau guéries
sous l'action directe des eaux de Foncaude, je rap-
porterai le fait suivant d'*ecthyma cachectique*, observé
chez un sujet d'environ 45 ans, d'un tempérament
lymphatique sanguin. Pendant qu'il était au service
militaire, il avait contracté une maladie cutanée,
dont il fut régulièrement traité au Val-de-Grâce. Il
quitta le service militaire pour une vie très-active,
souvent très-fatigante, et, sous cette influence, il
avait à plusieurs reprises éprouvé des maladies très-
graves des organes digestifs, de véritables *mélœnas*,
si j'en ai pu juger exactement d'après les détails qu'il
m'en a rapportés. Depuis plusieurs années, ce malade éprouvait, sur la partie inférieure des jambes,

une éruption de pustules plus ou moins grosses,
mais dont quelques-unes, par leur volume, l'engorgement, l'inflammation, la douleur et la dureté de
leur base, simulaient de véritables furoncles. Le plus
souvent elles étaient petites, mais elles s'accompagnaient toujours d'un engorgement notable de la
peau. Celui-ci était dans bien des cas appréciable
avant l'apparition de la pustule, qui donnait lieu, en
s'ouvrant, à une sorte d'ulcération avec écoulement
sanieux ; de vives démangeaisons se faisaient constamment sentir. La cicatrisation, ordinairement
difficile, laissait toujours sur la peau une tache
brune, accompagnée d'une légère dépression, quand
le volume de la pustule avait été considérable. Un
engorgement œdémateux existait presque constamment sur les jambes, depuis qu'elles étaient sujettes
à ces éruptions.

Les trois ou quatre premiers bains de Foncaude
décidèrent sur les jambes une apparition de nombreuses petites pustules, accompagnées de vives démangeaisons, et qui ne tardèrent pas à s'ulcérer su-
perficiellement. Vers le dixième bain, elles étaient
toutes guéries, et les démangeaisons avaient considérablement diminué. L'œdème existait encore, et

dans divers points de la partie inférieure des jambes on sentait, en promenant le doigt sur la peau, de manière à la comprimer un peu, de petites granulations, de légers engorgements agglomérés. Bientôt quelques nouvelles pustules se montrèrent encore sur l'une des jambes seulement, et, avant que le malade eût atteint le nombre de trente bains, toutes les pustules, toutes les granulations et l'œdème eurent disparu. La peau des jambes avait repris plus de force, plus de souplesse, une coloration plus naturelle, bien qu'elle conservât encore les taches laissées par les pustules, et tout semblait annoncer, ainsi que le temps l'a démontré, que la guérison obtenue était plus solide que jamais.

Le nombre des états pathologiques auxquels on a pu, jusqu'ici, remédier d'une manière indirecte par l'emploi des eaux de Foncaude, se rattache à un petit nombre de chefs principaux. Ici encore c'est à l'action principale de ces eaux, au mouvement bien marqué qu'elles tendent à établir du centre à la circonférence, aux réactions soutenues dont la peau devient le siége, et par conséquent à des révulsions fréquemment répétées, qu'il faut rapporter les guéri-

sons. Les détails de toutes les observations que je
pourrais citer, le feraient aisément reconnaître ; mais
je ne prendrai dans chaque groupe que les faits les
plus saillants, en les rapportant de manière à faire
ressortir leur vrai caractère,.sans les surcharger de
détails inutiles.

Quelques douleurs musculaires anciennes et permanentes, fixées sur les extrémités supérieures ou
inférieures, ou dans le faisceau des muscles sacro-lom-
baires, ont été facilement guéries. Soumises à l'influence des variations atmosphériques, exemptes de
fièvre, ces atteintes rhumatismales qui, dans le plus
grand nombre des cas, existaient en même temps que
toutes les apparences d'une bonne santé, gênaient cependant les mouvements, en les rendant douloureux.
On pouvait espérer de les dissiper, en réveillant, en
rendant plus active et plus soutenue l'action journalière de la peau ; et c'est, je pense, en amenant ce
résultat, que les eaux de Foncaude ont réussi à mettre
un terme à des indispositions légères sans doute,
mais toujours fort importunes pour les sujets qui en
sont atteints. En général, les améliorations obtenues sous ce point de vue ont été complètes et
permanentes, et bien des personnes, dont chaque

hiver renouvelait les souffrances, malgré toutes les précautions dont elles pouvaient s'entourer, ont été à l'abri de rechutes pendant toute la durée de la mauvaise saison. D'aussi bons résultats se sont reproduits dans des circonstances autrement graves que celles que je viens de mentionner; les deux exemples suivants suffiront pour le démontrer :

S... tailleur de pierres, âgé de 36 ans, d'un tempérament lymphatico-sanguin, avait, dans sa jeunesse, cruellement souffert d'hémorrhoïdes qui, d'abord, ne s'accompagnaient d'aucun écoulement de sang, et qui, plus tard, fluant avec beaucoup d'abondance, causèrent moins de douleurs. Dans le mois de février 1844, il éprouva, sans cause appréciable, une épistaxis abondante, et qui se prolongea pendant 27 heures. Vingt jours après, une douleur des plus vives se fixa à l'origine du nerf sciatique gauche, et se propagea le long de son trajet à la partie postérieure de la cuisse. Quinze jours après, elle se porta tout à coup aux deux pieds, rendant la marche extrêmement difficile. Malgré cela, S..., occupé loin de la ville, voulut rentrer chez lui à pied, et pendant le trajet reçut une pluie abondante. Les douleurs s'étendirent aux genoux; bientôt toutes les

articulations des membres inférieurs se gonflèrent,
la fièvre survint, et cette attaque de rhumatisme se
prolongea pendant cinq mois, sans que le malade
pût quitter son lit. Une nouvelle attaque survint à la
fin de 1845, se prolongea fort long-temps, et au
mois de juillet 1846, quand S..... vint prendre les
bains de Foncaude, les douleurs des pieds rendaient
la marche si pénible, la station si difficile, qu'il était
obligé de s'aider de deux béquilles. Les articulations
des deux membres inférieurs ne permettaient aucun
mouvement qui ne fût douloureux ; toute flexion
offrait de grandes difficultés, et l'extension complète
de la jambe droite était impossible. Une douleur
vive était fixée à l'épaule gauche. Le malade était
amaigri, pâle, découragé, et ne se résigna qu'avec
peine aux difficultés qu'il entrevoyait dans ses
voyages journaliers à Foncaude. Dès le quatrième
bain, les genoux, sensiblement désenflés, permettaient un jeu plus facile, et la marche eût été moins
embarrassée, si les pieds ne fussent devenus très-
sensibles à la pression sur le sol. Cet effet ne tarda
pas à passer, et, au bout de dix-huit bains, S... n'a-
vait plus besoin que d'une canne pour s'aider dans
sa marche. Les fonctions digestives s'étaient aussi

améliorées, et avec elles l'ensemble de l'économie avait retrouvé de la force et de la vigueur. Durant l'hiver de 1846 à 1847, S... a joui d'une assez bonne santé, pour qu'il cherche à se procurer aujourd'hui un travail nécessaire à son existence.

Monsieur D.... âgé de 45 ans, d'un tempérament lymphatique-nerveux, ressentit, il y a environ 30 ans, pendant une longue traversée sur le canal des Étangs, un refroidissement général des plus intenses. Il en résulta promptement une douleur très-vive des pieds, avec gonflement et rougeur; et une sueur abondante, dont ces parties étaient habituellement le siége, fut depuis lors totalement supprimée. Cette première atteinte de douleurs rhumatismales fut régulièrement soignée; elle dura 15 jours seulement. Mais, à sa suite, d'autres de même nature se sont répétées à l'infini. Les genoux sont les articulations le plus communément affectées. Alors les jambes douloureusement roidies restent allongées; les cordes tendineuses des jarets sont tendues, très-sensibles au plus léger contact, et la moindre flexion des extrémités devient tout-à-fait impossible. La hanche droite, les épaules, les coudes, les poignets, les doigts ont été successivement envahis. L'articulation moyenne du médius de la main gauche, à la suite des douleurs dont elle a été le siége, est restée entourée de nodosités qui la tiennent dans l'immobilité et dans un état de demi-flexion, sans que l'ankylose soit encore complète. Au début des attaques, qui le plus souvent sont accompagnées d'un état fébrile plus ou moins grave, rarement plusieurs articulations sont affectées; mais elles deviennent, l'une après l'autre, douloureuses, rouges, tuméfiées, et cette succession se multiplie de manière à ce que certaines attaques durent ainsi jusqu'à deux mois. Il en est résulté un affaiblissement général de la constitution, une sorte d'état valétudinaire permanent; et lors même qu'il est, autant que possible, débarrassé de sa douleur, M. D.... marche avec peine et ressent dans tous ses mouvements assez de gêne, assez de difficulté, pour avoir besoin qu'on le soutienne. Ce fut d'après les conseils de M. le docteur Lescure, que ce malade essaya des eaux de Foncaude en bains et en boisson. Un mieux sensible en fut la conséquence rapide; il se manifestait par des améliorations journalières si évidentes, que chacun se plaisait à les signaler. L'arrivée de la mauvaise saison arrêta l'usage des eaux ; mais, pendant tout l'hiver , les attaques ont été plus rares , surtout moins générales , plus courtes, et pendant leur durée le travail fluxionnaire dont les articulations étaient le siége, se montrait bien moins intense ; par suite, la réaction fébrile se prononçait plus rarement et à de bien moindres degrés. La marche était plus facile dans les intervalles de bien-être, parce que les articulations qui restaient moins engorgées , avaient retrouvé plus de liberté dans leur jeu. Les forces générales se réparaient aussi, et tout porte à croire que M. D.... retirera de nouveau des eaux de Foncaude , s'il persiste à les prendre cette année , des résultats plus complets et durables.

J'ai déjà signalé les cas nombreux où j'avais eu l'occasion de voir des affections rhumatismales, combinées dans leur marche avec certaines affections catarrhales des diverses membranes muqueuses , et j'ai fait remarquer que cette coïncidence était en général dans le traitement de ces maladies , l'indication de l'emploi des moyens capables d'agir sur la peau avec une certaine énergie. Je ne crois pas que l'avantage qui s'attache alors à ce genre de médication, dépende seulement de la répétition sympathique sur le système musculaire et muqueux de l'action que l'on porte sur la peau. Sans doute cette correspondance naturelle peut heureusement influer sur les guérisons que l'on obtient ; mais je suis aussi fort porté à penser que celles-ci dépendent en grande partie de ce que les affections auxquelles on veut porter remède , trouvent leur cause première dans une altération des fonctions de la peau. Mais , comme cette altération reste souvent inaperçue et que d'autres fois elle manque réellement, je persiste à ranger les cas de cette nature dans la catégorie de ceux qui sont guéris d'une manière indirecte par les eaux de Foncaude ; tandis que leur guérison serait au contraire au nombre des effets les plus directs , si leur liaison avec l'altération des fonctions cutanées était clairement démontrée. Sous quelque rapport qu'on envisage cette question , les résultats que nous avons obtenus ont été assez remarquables , pour qu'on trouve encore de l'intérêt à en connaître quelques-uns.

Une dame , d'un tempérament lymphatique–sanguin, venait de traverser l'époque de la ménopause, sans en avoir ressenti de graves inconvénients. Cependant elle avait plusieurs fois été obligée , à cause de divers symptomes généraux d'un état pléthorique incommode, d'avoir recours à quelques applications de sangsues. Malgré cela, des plaques rouges, plus ou moins nombreuses et étendues, s'étaient, à plusieurs reprises, manifestées principalement vers les extrémités inférieures, où elles suivaient toutes les phases qui constituent le cours d'une ecchymose, depuis son apparition jusqu'à ce qu'elle soit complétement effacée. Quelques furoncles étaient aussi survenus, mais jamais rien de plus alarmant n'avait accompagné l'âge critique. Cette époque transitoire finie, elle laissa après elle, avec une bonne santé un embonpoint assez marqué pour qu'il en fût en quelque sorte la preuve irrécusable. Mais bientôt un peu d'oppression survint pendant la marche. Elle fut attribuée à l'embonpoint qui devait rendre le mouvement un peu pénible. Plus tard, elle s'accompagna de toux et fut plus fatigante ; enfin, tous les symptômes d'un asthme à son début se montrèrent, et furent bientôt accompagnés de douleurs rhumatismales, qui se fixaient, tantôt sur l'une des extrémités supérieures, tantôt sur l'un des membres pelviens. Divers moyens mis en usage eurent des succès passagers. En 1846, on eut recours aux eaux de Foncaude ; et, sans qu'il soit résulté de leur action aucune éruption manifeste, sans que les sueurs se soient accrues de manière à fixer l'attention, l'oppression a disparu, la toux et les douleurs de rhumatisme ont cessé de tourmenter la personne qui fait le sujet de cette observation, et l'hiver, saison pendant laquelle elle avait été fatiguée les années précédentes, s'est écoulé, malgré son extrême rigueur, sans qu'aucune atteinte notable l'ait fait douter de sa guérison.

S'il fallait expliquer par quel moyen elle a été obtenue, dire à quelle modification provoquée dans l'état général par les bains de Foncaude elle a dû succéder, je n'hésiterais pas à penser qu'un accroissement, non pas des sueurs, mais de la transpiration insensible, survenu à la suite d'une activité plus grande de la peau, en a été la seule cause. On a dû remarquer que, sous l'influence de la ménopause, cet organe important avait été le terme de mouvements fluxionnaires variés. N'était-il pas possible que leur succession fréquente eût jeté du trouble dans ses fonctions, et qu'un peu moins de régularité dans leur accomplissement journalier, dans la sécrétion de la transpiration insensible, bien

qu'un exercice soutenu amenât facilement la sueur,
fût la cause réelle des maux qui étaient survenus?
Quoi qu'il en soit, le doute qui reste à ce sujet,
range bien cette observation dans la catégorie des
faits dont je m'occupe en ce moment, et par conséquent elle méritait bien de trouver ici sa place.

Il est enfin un certain nombre d'affections nerveuses contre lesquelles les eaux de Foncaude ont
obtenu des succès évidents. Elles ne se sont pas
toutes présentées sous la même forme. Les unes, re-
vêtant un caractère plus général, semblaient tenir
toutes les fonctions sous leur dépendance, ou du
moins apportaient dans leur accomplissement un
trouble si grand, si manifeste, que l'organe primitivement affecté ne semblait plus que participer à un
état général, sans en être lui-même le premier mo-
bile, la source réelle ; chez les autres, l'état nerveux se présentait comme une complication incommode, assez fâcheuse pour attirer sur elle seule l'attention ; enfin, chez quelques malades, au contraire,
les douleurs n'affectant qu'un organe isolé, qu'une
partie limitée du système nerveux, donnaient lieu à
des névralgies opiniâtres. Dans tous ces cas, les
bains de Foncaude ont réussi ; et soit qu'ils aient

agi par le moyen des réactions qu'ils appellent vers la peau, soit que leur action sédative ait été accrue, dans certains cas, par la température en général moins élevée à laquelle ces malades les prenaient, les symptômes généraux ou locaux ne tardaient pas à céder. Je choisirai, parmi les cas les plus saillants, ceux qui me paraissent résumer tous les autres, en se rapportant à l'une ou l'autre des trois principales formes que je viens d'indiquer.

Une personne de 30 ans, d'un tempérament lymphatique, d'une faible constitution, assujettie à un genre de vie pénible, exigeant de sa part beaucoup de dévouement et d'abnégation personnelle, était sujette à de vives douleurs hystériques, auxquelles se liaient, sans doute, les variations constantes qu'offrait l'apparition des règles. Depuis quelques années, elles étaient précédées et suivies d'une leucorrhée qui se prolongeait si long-temps, qu'elle durait presque toujours d'une époque menstruelle à l'autre. Des douleurs, une forte fatigue dans les reins survenaient au moindre exercice pénible, et s'accompagnaient de lassitudes dans les jambes. L'estomac, souvent douloureux, accomplissait mal ses fonctions; l'appétit se perdait; les digestions, longues et pénibles, s'accompagnaient de flatuosités et de constipation habituelle. Une ophthalmie chronique, de fréquentes céphalalgies, une extrême sensibilité générale qu'un rien mettait en jeu, malgré l'empire que cette personne avait sur elle-même, indiquaient une exaltation pénible de la sensibilité générale, une irritabilité nerveuse dont la malade se plaignait, surtout depuis qu'elle était affaiblie. Quelques pilules de Blaud, quelques bouillons analeptiques, dans la composition desquels entrait la racine d'*enula campana*, avaient déjà modifié la leucorrhée, sans rien changer aux symptômes généraux, quand j'eus recours aux bains de Foncaude. Le premier, pris un peu frais et trop prolongé, fatigua beaucoup. Il en résulta un froid général, qui se prolongea pendant plusieurs heures, avec une tendance insurmontable au sommeil, lassitudes générales, brisement des membres, céphalalgie intense. La réaction survint enfin; elle fut à son tour active, prolongée, et procura de l'agitation pendant la nuit. Répétés de cette manière, les bains n'auraient pas manqué d'aggraver le mal; ils furent désormais pris plus courts, et ne produisirent plus d'action aussi énergiquement prononcée. Après le

huitième, l'appétit était revenu ; les digestions
étaient plus faciles ; les flatuosités, les douleurs gas-
tralgiques avaient cessé ; l'irritabilité était moindre,
le sommeil plus réparateur. Bientôt après, les forces
s'augmentèrent, la fatigue fut mieux supportée et ne
causa plus de douleurs vers les reins ; la figure n'offrait plus l'air de souffrance et d'abattement qu'on y
voyait autrefois ; les paupières n'étaient plus ni rouges, ni chassieuses. Une grande amélioration générale
était évidente ; la malade avait retrouvé plus d'énergie, plus d'activité ; son caractère plus patient, sa to-
lérance indulgente pour tout ce qui l'entourait. Les
douleurs hystériques étaient fort rares ; la perte
blanche avait disparu, et, dans l'intervalle des bains,
les règles s'étaient montrées sans être suivies d'aucun flux leucorrhéique. Vingt bains suffirent pour
amener ce changement, qui s'est soutenu pendant
tout l'hiver, et qui n'a paru s'altérer que lorsque
de grandes fatigues ont ramené un peu de perte
blanche. Pouvait-on espérer qu'une seule saison de
bains opérât une guérison radicale, alors surtout
que la malade restait exposée aux causes fort énergiques et sans cesse renouvelées de son premier
état ?

Une dame, âgée d'environ 40 ans, d'un tempérament bilioso-sanguin, toujours bien réglée, éprouva, il y a 4 ans, une maladie cutanée qui se fixa à la base du cou, sur la partie supérieure du dos, et disparut facilement. Depuis lors, elle ne s'est plus montrée. A peu près à la même époque, la malade ressentit quelques douleurs passagères dans la région hypochondriaque droite, et s'aperçut que diverses parties de son corps étaient le siége *d'éphélides hépatiques.* Ces taches, de grandeur inégale entre elles, de formes irrégulières, sans élévation notable au-dessus de la peau, sans démangeaison fort incommode, offraient une couleur d'un brun jaunâtre. L'épiderme seul en paraissait affecté, et depuis leur apparition elles n'avaient pas cessé de se montrer. La digestion était facile, régulière. Il en était de même des autres principales fonctions; mais celle de la peau, qui avait toujours offert au toucher une sorte de rudesse, d'aridité, avait constamment paru peu régulière. Il arrivait souvent que, sans cause connue, la malade était affectée d'inquiétudes vagues, de malaise moral, de tension fatigante vers la tête, et d'insommies opiniâtres. Ces dernières étaient si pénibles et si redoutées par la malade,

que la seule idée d'un déplacement qui aurait pu
les causer, alors même qu'il aurait eu lieu pour aller
dans un pays que la malade habitait avec plaisir,
où elle trouvait bien des motifs de satisfaction,
de bonheur, ne manquait pas de les ramener et de
les rendre plus opiniâtres. Dans ces moments de malaise qui se renouvelaient souvent et se prolongeaient, le teint s'altérait, les forces diminuaient,
et le moral, s'affectant de plus en plus, donnait aussi
plus d'empire aux idées tristes qui assiégaient la
malade. Les premiers bains de Foncaude rendirent
les nuits meilleures, et donnèrent ainsi de la confiance
dans le retour du sommeil. Bientôt, par cela même,
le repos fut plus réel et plus réparateur, le teint
s'éclaircit, les forces se relevèrent; avec elles
revinrent la confiance, la gaieté, et cet heureux résultat fut obtenu par 20 bains donnés à une température fraîche et prolongés pendant une demi-
heure seulement. Les éphélides hépatiques ont aussi
disparu, et si, depuis lors, il s'en est montré quelques autres, elles se sont dessinées si faiblement,
qu'on a de la peine à les apercevoir. Un autre effet
dont la peau a été le siége et qui a été plus complet encore, est le bien qu'elle a gagné sous le

rapport de la souplesse et de la douceur ; l'aridité, la rudesse que la malade se plaignait d'y éprouver, n'ont pas, je crois, reparu depuis lors. C'est aussi là, je pense, qu'il faut chercher la source de l'amélioration obtenue ; et l'on n'aura pas de peine à comprendre que, si l'état nerveux général dont il vient d'être question tenait à quelque modification dans l'état habituel du foie, celui-ci devait lui-même son état anormal, son influence fâcheuse, aux fonctions peu actives ou irrégulières de l'organe cutané, qui a si bien ressenti les effets des eaux de Foncaude.

Une personne, âgée de 30 ans, bien réglée, d'une constitution délicate, éprouva diverses atteintes de douleurs rhumatismales et quelques affections catarrhales, après avoir couché, pendant quelque temps, dans un lieu humide. Bientôt une névralgie frontale succéda à ces diverses manifestations morbides, et, après quelques jours de résistance à tous les moyens qu'on avait mis en usage, elle prit heureusement un caractère périodique. Le sulfate de quinine y mit un terme. Cette première atteinte, qui s'était manifestée pendant l'automne, se reproduisit pendant l'hiver, et alterna

avec de fréquentes douleurs de rhumatisme musculaire. Dès que la belle saison le permit, nous
eûmes recours aux bains de Foncaude. La santé
générale qui, sous l'influence des douleurs rhumatismales nerveuses, s'était sensiblement altérée,
se rétablit promptement, et vingt bains suffirent
pour mettre un terme au retour des douleurs. Une
circonstance particulière m'avait porté à tenter les
eaux de Foncaude ; la peau, constamment aride,
était, sur presque toute son étendue, recouverte
par de très-petites écailles furfuracées, à moitié
soulevées, que le frottement ne faisait pas toujours
détacher, mais qui donnaient à la surface du corps
l'aspect qu'offrent les dartres furfuracées, et qui
rendaient le contact de la peau rude et désagréable
au toucher. Évidemment, l'épiderme qui se déta-
chait ainsi par petites lamelles, était malade, et
cet état pathologique de la peau, en modifiant ses
importantes fonctions, avait bien pu, tout autant
que l'influence d'un lieu humide, contribuer au
développement des diverses affections qui s'étaient
montrées. Ce raisonnement justifiait l'emploi des
eaux minérales. En rendant à la peau sa souplesse,
sa douceur habituelle, son aspect naturel, elles

rétablirent ses fonctions , et mirent indirectement
un terme au retour de douleurs, que nous n'aurions
sans doute pas si facilement guéries , dans le cas
où elles se seraient rattachées à une lésion idiopa-
thique du système nerveux.

J'ai cherché , par tous les détails qui précè-
dent , à faire exactement apprécier les effets que
nous avons obtenus par l'emploi des eaux de Foncaude. J'ai choisi pour cela , sur le grand nombre
de faits qui se sont présentés , ceux qui m'ont
paru le plus nettement dessinés , et ceux surtout
dont jusqu'ici le temps a , le plus possible, confirmé les résultats. Il m'eût été facile d'accumu-
ler ici , un bien plus grand nombre d'observations; mais , je crains déjà d'avoir été trop loin ,
tout en ayant voulu ne présenter, en quelque
sorte , que le résumé général qu'on aurait eu à
déduire de détails plus multipliés. Sans doute , il
reste encore beaucoup à faire dans l'étude des eaux
de Foncaude ; mais l'affluence des malades qui
nous arrivent cette année , ne manquera pas de
me fournir, avec d'autres données , de nouvelles
et précieuses instructions , que je recueillerai avec
une critique sévère. J'aurai soin de les mettre , à

leur tour, sous les yeux des médecins appelés à juger de leur valeur. La confiance qu'ils nous témoignent, me porte à croire que, dans les faits qu'ils ont eus sous les yeux, ils ont aussi constaté l'action favorable des eaux de Foncaude, et qu'ils ont reconnu en elles un agent thérapeutique qu'il est heureux d'avoir si près de nous, dans une position topographique d'ailleurs si agréable.

L'ancien établissement, les constructions improvisées qu'un nombreux concours de malades avait rendues nécessaires l'an passé, ne pouvaient plus suffire. A leur place, un pavillon plein de goût et d'élégance, élevé d'après les plans et sous la direction d'un architecte habile, de M. Lazard, offre aujourd'hui, dans deux bâtiments latéraux, trente baignoires, où les eaux se distribuent avec une abondance intarissable. Ces nouvelles constructions, dans lesquelles rien n'a été négligé de ce qui peut concourir à l'agrément des malades, par une extrême propreté et par un confortable qu'on recherche partout, sont entourées de plantations nouvelles, de bosquets naturels, qui, depuis longtemps, embellissaient les prairies de Foncaude. En attendant que des logements aussi convenablement établis puissent être offerts aux malades qui désireraient s'y fixer, des moyens de transport commodes, multipliés et peu coûteux, les y conduisent soir et matin, et témoignent encore des grands sacrifices devant lesquels M. Rouché n'a pas reculé. Déjà, sans doute, une nombreuse affluence de malades, attirés par les effets bienfaisants des eaux de Foncaude, lui donne tous les dédommagements qu'il pouvait désirer. Ils le récompensent, en quelque sorte, d'avoir si bien tenu compte, dans l'utile création qu'il vient de faire, des besoins de l'époque actuelle, et de donner ainsi à tant d'autres propriétaires d'eaux minérales, renommées depuis long-temps et à bien juste titre, un exemple qu'il aurait dû trouver chez eux, et qu'ils comprendront peut-être.

FIN.

www.ingramcontent.com/pod-product-compliance
Lightning Source LLC
Chambersburg PA
CBHW050624210326
41521CB00008B/1371